绒花之美

非遗绒花手工制作指南

之美

寄朝云 · 白衣 编著

爱林博悦 组编

人民邮电出版社

北 京

图书在版编目（CIP）数据

绒花之美：非遗绒花手工制作指南 / 寄朝云·白衣
编著；爱林博悦组编. -- 北京：人民邮电出版社，
2024.3（2024.6重印）
ISBN 978-7-115-62817-6

Ⅰ. ①绒… Ⅱ. ①寄… ②爱… Ⅲ. ①绒绢－人造花
卉－手工艺品－制作－中国－指南 Ⅳ. ①TS938.1-62

中国国家版本馆CIP数据核字(2023)第193877号

内 容 提 要

　　绒花是一种用蚕丝线制作而成的极具装饰性的传统手工艺品，近年来在许多热门的古
装影视剧中都能看到它的身影。本书将带你系统了解和学习这项传统手工技艺。

　　本书共七章。第一章介绍传统绒花饰品的特点、发展与创新，带领读者认识制作绒花
所需的材料和工具，了解制作绒花的基本工序等。第二章讲解绒花制作的技巧，涵盖各类
花叶、果实的制作方法及一些实用的小技巧。第三章至第六章从简到难、循序渐进地带领
读者展开绒花的制作练习，创作题材以花叶、果实以及寓意吉祥的动物为主。第七章为作
者其他绒花作品的展示。

　　本书讲解细致、内容丰富，适合喜欢绒花等古风饰品的手工制作爱好者及汉服爱好者
阅读、学习。

◆ 编　　著　寄朝云·白衣
　 组　　编　爱林博悦
　 责任编辑　宋　倩
　 责任印制　周昇亮
◆ 人民邮电出版社出版发行　　北京市丰台区成寿寺路 11 号
　 邮编　100164　　电子邮件　315@ptpress.com.cn
　 网址　https://www.ptpress.com.cn
　 北京九天鸿程印刷有限责任公司印刷
◆ 开本：690×970　1/16
　 印张：10.5　　　　　　　　　　2024 年 3 月第 1 版
　 字数：268 千字　　　　　　　　2024 年 6 月北京第 3 次印刷

定价：79.80 元
读者服务热线：**(010)81055296**　印装质量热线：**(010)81055316**
反盗版热线：**(010)81055315**
广告经营许可证：京东市监广登字 20170147 号

前言

绒花，谐音"荣华"，寓意着荣华富贵。它源于唐代，流传至今。如今，它作为一项传统非遗技艺，借助互联网的力量，让更多的人有所了解。

相信大家看到绒花的第一反应是觉得它漂亮，但这样一个小小的东西，却需要经过炼丝、染色、晾晒、拴线、梳线、固定绒排、拴绒、剪绒、搓丝、修绒、造型、组花等多道工序才能制作出来。

传统绒花大部分是毛绒款，有种雍容华丽的富贵感。它轻盈不失美丽，富贵却不庸俗。经过手工艺人的创新，绒花饰品在毛绒款的基础上，又产生了扁形款。款式不同，风格也不同，扁形款的绒花因其轻薄，看起来更栩栩如生。

本书中的绒花作品包含了毛绒款和扁形款。我个人比较擅长制作扁形款绒花，喜欢把自己在生活中看到的美丽事物，用绒花的形式记录、保存下来。

希望本书能够帮助大家按自己的喜好创作出不同款式和风格的绒花作品。

目录

第一章 绒花制作基础
认识绒花 … 007
材料及工具准备 … 011
线材 … 011
铜丝 … 013
绒条制作相关工具 … 016
绒花造型相关工具 … 017
各类装饰配件 … 021
主体配件 … 021
金属配件 … 021
石膏花蕊 … 022
珠子配件 … 022
制作绒花的工序 … 023
拴线 … 023
梳线 … 025
拴绒 … 027
固定绒排 … 028
剪绒 … 030
搓丝 … 031
修绒 … 032
造型 … 032
组花 … 033
蚕丝线简易染色法 … 034

第二章 绒花制作技巧
不同款式的绒花制作方法 … 037
毛绒款 … 037
扁形款 … 039
荷叶叶形的制作 … 043
不同形状果实的制作方法 … 046
以球体为基础 … 046
以锥体为基础 … 048
绒花制作实用技巧 … 050
如何制作有自然弧度的叶子 … 050
如何制作弯曲的枝条、藤蔓 … 052
绒片的修剪技巧 … 053
如何绑花、收尾 … 054
如何制作掐丝绒花花瓣 … 057

第三章 绒花饰品制作练习
红梅·发钗 … 060
粉桃·发钗 … 065
墨竹·发簪 … 070

第四章
传统绒花饰品制作案例

桂花·软簪⋯078

菊花·发钗⋯083

兰花·发梳⋯088

百合·发钗⋯093

单瓣牡丹·发钗⋯098

第五章
动物造型的绒花饰品制作案例

鱼⋯106

双色雀鸟⋯112

螃蟹⋯117

蝴蝶⋯121

第六章
绒花饰品的创新

掐丝银杏·发簪⋯128

卷瓣菊花·发钗⋯135

第七章
作品欣赏

第一章

·

绒花制作基础

认识绒花

材料及工具准备

各类装饰配件

制作绒花的工序

蚕丝线简易染色法

绒花制作可以追溯到唐代，至今已有千年的历史。绒花的制作技艺非常独特，绒花饰品造型精致、色彩鲜艳、质感柔软，具有很强的装饰性。

认识绒花

现在，绒花制作技艺已被列为我国的省级非物质文化遗产。很多地方
都有专门的手工艺人从事绒花制作，他们将这项传统工艺传承至今，
并不断创新和发展，使其得以传承和发扬光大。

随着时代的发展和人们审美观念的变化，绒花的形式也有了创新和
变化。

一方面，传统绒花的制作技艺得以传承，但其在形状、颜色、材料等
方面进行了创新，以适应现代人的需求。例如，传统绒花主要以毛绒

款呈现，但现在也有了扁状款，作品更逼真；又如传统绒花的材料以
蚕丝线为主，但现代绒花在制作中加入了其他材料，如布料、金属丝
等，提升绒花的多样性。

另一方面，绒花制作技艺也与其他工艺进行了结合。比如，将绒花制
作技艺与掐丝工艺结合，制作出华美的掐丝绒花饰品；将绒花制作
技艺与仿点翠工艺结合，创造出绚丽多彩的仿点翠绒花饰品。这些
创新不仅丰富了绒花的表现形式，也为绒花艺术的发展注入了新的生
命力。

▌线材

制作绒花，既可以使用普通的蚕丝线，也可以使用更为高级的蚕丝线。当然，使用高级的蚕丝线制作出来的绒花成品效果会更好，但是成本也比较高，大家可酌情选用。

◎ 无捻线

无捻线不用劈丝，取线也方便，固定好后就可以进行梳线。但市面上的无捻线颜色没有苏绣线颜色丰富，价格也比苏绣线高一些。

◎湘绣线

湘绣线较粗，取线容易，但比较硬的湘绣线不好劈丝。

◎苏绣线

苏绣线价格低，色号齐全，梳线后有毛绒感。但它有劈丝费时、梳线时尾部容易打卷，以及易打结和排绒不密等问题。

◎**段染线**

一根段染线上有几种颜色，用它制作的绒排在不同的位置有不同的颜色。以此制作出的绒条，其颜色也会更丰富。

◎**生丝**

生丝是指未脱胶的蚕丝线。生丝就像头发丝一样，根根分明，有一定硬度，适合用来制作毛球。

◎**熟丝**

熟丝是指经过煮制脱胶后的蚕丝线。熟丝可以用来制作绒花，不过不容易分开，展开后就像渔网一样，需要一缕一缕地从底部顺开，因而不适合新手使用。

◆ **小贴士**

1. 湘绣线和苏绣线都是两股线合为一根，所以需要劈丝；而无捻线是一根线，不需要劈丝。

2. 蚕丝线质量不同，价格也就不同，一般来说是无捻线>湘绣线>苏绣线。

铜丝

制作绒花需要使用铜丝，其中制作绒条需要准备黄铜丝或紫铜丝，而制作掐丝绒花和固定绒花的其他部件，则需要准备保色铜丝。

制作绒花时，常用的铜丝尺寸有0.15mm、0.2mm、0.25mm、0.3mm等，其中0.2mm的最常用，制作小物件使用0.15mm的，制作大物件使用0.25mm或0.3mm的。

保色铜丝的常用尺寸有 0.2mm、0.3mm、0.4mm等，其中0.2mm、0.3mm的保色铜丝推荐用来制作掐丝绒花，0.4~0.8mm的保色铜丝可用于制作枝干。

◎ 黄铜丝

因为黄铜丝本身的纯度不够，手感偏硬，所以使用前需要进行退火。退火后的黄铜丝会变软，也会更有韧性，从而更便于搓丝。

◆ 小贴士

黄铜丝退火操作演示

1. 把黄铜丝缠成圈，一定要缠紧，若缠得太松散，黄铜丝容易被烧化。

黄铜丝退火前的效果

2. 把铜丝圈放在火上烧制，整体烧红即可，也可多烧一两分钟。如果火力不均匀，可用长镊子转动铜丝圈，使其被均匀烧制，烧制后等铜丝圈冷却就可直接使用。

火烧铜丝圈

黄铜丝退火后的效果

◎ 紫铜丝

和黄铜丝一样，紫铜丝也需要进行退火。

◆ 小贴士

紫铜丝退火操作演示

1. 与黄铜丝的退火操作一样，先把紫铜丝缠成圈，然后放在火上烧。

紫铜丝退火前的效果

紫铜丝退火后的效果

2. 拿一个容器并放适量的水，然后在水里放适量明矾，把退火后的紫铜丝放进去煮。

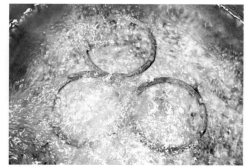

水中加入明矾煮制

3. 煮至紫铜丝表面干净（时间会有点久），煮好后将紫铜丝拿出来，把水擦干，再放在通风处晾干即可使用。

紫铜丝用明矾煮过后的效果

◎保色铜丝

保色铜丝可以用来制作绒花的枝干、花蕊或掐丝绒花。

▌绒条制作相关工具

制作绒条是制作绒花的关键步骤，制作绒条需要借助多种工具。

◎ 木棒和封口夹

木棒用来固定绒排下端，让丝线不乱跑。

封口夹可以把木棒夹紧，或是直接夹住绒排使其固定在桌面上。此外，还可以利用封口夹来固定绒排的宽度。

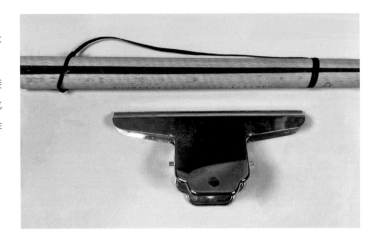

◎ 直尺

直尺主要用于测量绒排的宽度，防止做出的绒排宽度不同。

◎ 剪刀

剪刀是制作绒花的重要工具。用于裁剪绒排的剪刀，必须刀刃长且锋利，这样在剪绒排的时候才不会跑绒。

此外，还需准备多把锋利的剪刀，用于绒条打尖。

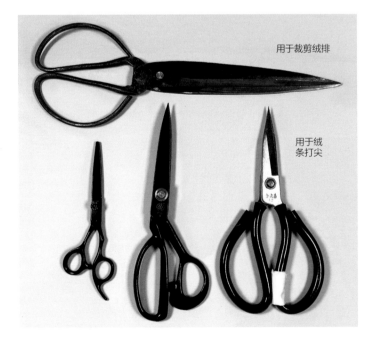

用于裁剪绒排

用于绒条打尖

◎ 搓丝板

搓丝板主要用来搓丝，只要是两块平整的木板就行。

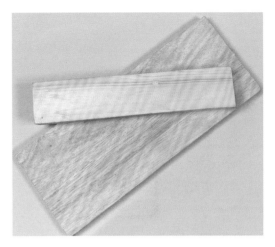

◎ 防滑粉

搓铜丝之前在手指上抹一层防滑粉，可增大摩擦力。

◎ 刷子

刷子主要用来把蚕丝线梳顺，常用的有鬃毛梳、纳米刷等。

梳线后，刷子上常常会有很多断掉的蚕丝线，我们可以用镊子从侧面插进去并顺着往外把线挑出来。

▌绒花造型相关工具

下面展示的是绒花在造型时需要用到的工具。

◎ 镊子

镊子分尖头镊子和圆头镊子。尖头镊子主要用来调整绒花的花瓣弧度和造型，圆头镊子在制作掐丝绒花时可用于铜丝造型。

◎ 胶水

右图中，①为美甲用的封层胶，用来制作绒花上的水滴露珠，并且不会透出铜丝；②为速干型珠宝胶，用于固定珠子；③为UV胶，常用来制作热缩片，它还能让物件固定得更牢；④为B-7000胶，常在制作掐丝绒花时使用；⑤为白胶，主要用来固定绒花花瓣，以及在绑完枝条主体后涂上一层，以增强牢固性。

①、③都需要用紫光灯照干，不然无法固定。

◎ 钳子与剪刀

右图中，①为圆头钳子，用于调整枝干的细节部分；②为尼龙钳子，主要用于将较粗大的枝干掰出弧度；③为剪钳，可用来裁剪铜丝；④为剪刀，用来剪一些辅助配件，比如模型卡纸等。

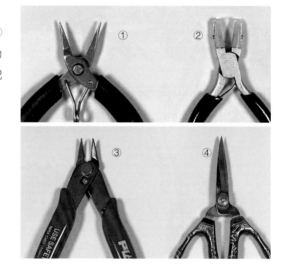

◎ 定型工具

绒花的定型工具推荐高压喷雾款发胶，也可用白胶兑水调配出定型液。

◎ 夹板

夹板在制作扁形款绒花时使用。我们需要准备两种夹板，一种是有弧度的窄夹板（①），另一种是宽夹板（②）。

窄夹板主要用来给花瓣做特殊造型，宽夹板主要用来夹扁较大的绒花花瓣。

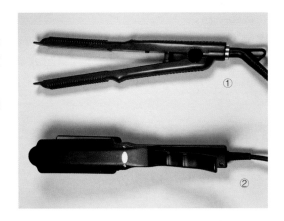

◎ 烫花器

烫花器由手柄（①）和有不同尺寸与造型的烫头（②）组成，主要用来制作带有弧度的花瓣，让花瓣更符合实物造型。

使用时，烫花器的温度不宜太高，温度在140℃～180℃即可，温度太高容易使浅色花瓣变色。

◎ 绒线

绒线主要用来绑花朵枝条。

右图中，①为高亮绒线，虽然这款绒线光泽度很高，但是它无弹性且光滑，所以容易滑脱；而②中的3款普通绒线比较适合新手使用，制作时可根据需要选用合适的颜色。

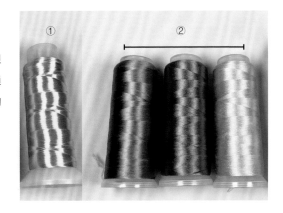

◎ 颜料

绒花做好后，我们还可以用不同类型的颜料去装饰绒花，使其看起来更美观、华丽以及更有创意。

下图中，①为视爵水彩颜料，②为珠光粉，③为固体珠光水彩颜料，④为辉柏嘉固体水彩颜料，⑤为耘籍阁的金墨和银墨。

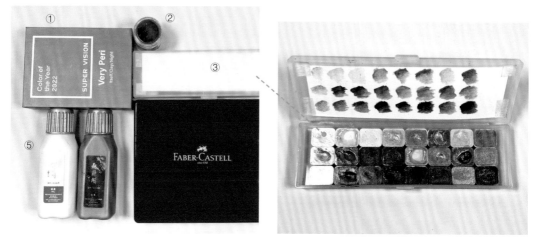

固体珠光水彩颜料

◎ 海绵垫和硅胶垫

海绵垫（①）是用来插绒花花瓣半成品的。由于绒花的铜丝太细，普通海绵垫偏硬，因此推荐使用纳米海绵垫。

硅胶垫（②）则是在做扁形款绒花的花瓣造型时，垫在海绵垫上的，以便于处理花瓣。

▌主体配件

此处展示的是制作绒花需要用到的一些主体配件，分别为木簪、金属发簪、发钗、发梳、金属花瓶簪、琉璃花瓶簪、发夹、胸针等。推荐选择性价比高一些的保色铜配。

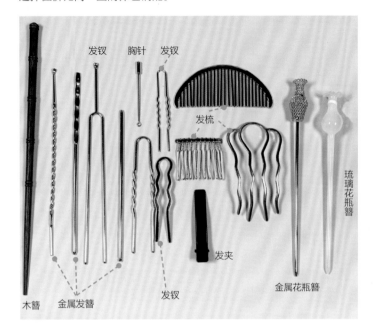

▌金属配件

此处展示的是制作绒花需要用到的相关金属配件，有花托、花蕊、装饰铜配件、链条球针等。推荐使用不易氧化的保色铜配。

▋石膏花蕊

此处展示的是制作绒花需要用到的石膏花蕊，常用的有火柴形、麦穗形、长条形……推荐大家使用亚光的石膏花蕊，其有多种颜色可供选择。

▋珠子配件

此处展示的是制作绒花会用到的珠子配件，这些珠子有不同的形态、色彩和大小，用途非常广泛：既可用于制作花蕊、点缀花瓣、点缀发簪，也可用于制作蝴蝶、蜻蜓等动物的身体或者眼睛。

制作一朵完整的绒花，有拴线、梳线、固定绒排、拴绒、剪绒、搓丝、修绒、造型等工序。

▌ 拴线

拴线，即把绒线固定在棍子上，这是制作绒花关键且重要的一步。

◎ 拴线——纯色效果

把一股蚕丝线从接头处剪开，抽出6根作为一组，对折后固定在棍子上。

◎ 拴线——渐变色效果

在拴线时使用两种及以上颜色的线，在颜色交接处逐渐减少前面一种颜色的线的数量，增加另一种颜色的线的数量，并使二者合为一组，就能得到渐变色效果。注意，进行颜色过渡时，可以穿插多种不同深浅色的线。

下面展示从白到红的渐变拴线过程。以6根白色蚕丝线为一组，其后每一组中白线数量递减，从右到左依次为白色6根，白色4根、红色2根，白色3根、红色3根，白色2根、红色4根，红色6根。

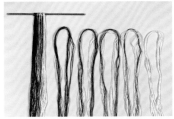 

下面是荷花渐变色花瓣的拴线方法。荷花花瓣以粉色为主，粉色占一半多，中间的粉色往两端渐变，颜色从中间向两端的变化顺序是：粉色—浅粉色—白色—浅黄色。

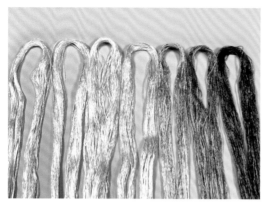 

渐变色拴线展示

制作扁状款渐变色的蝴蝶翅膀时，由于只需要修剪绒条的一端，因此可以采用镜像原理，即在绒排右边做出对称的绒线排列效果，从绒条中间剪断就能得到两条颜色相同的绒条，这样能大大提高拴线效率。

渐变色拴线技巧展示

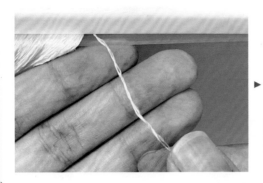 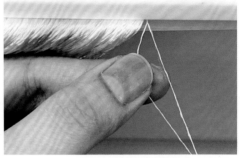
梳线

梳线，就是借助工具把根根分明的绒线梳开，使之呈毛绒效果。

◎ **演示**

01 把拴好的绒线牢牢固定住，随后用手理顺绒线，做成绒排，再把绒排分成小份，准备梳线。

02 拿起刷子从绒排的下方开始梳，梳线过程中需要一直把绒线绷紧，直到把一根一根的绒线梳成毛绒效果（没有很明显的一股一股的线）。

03 在梳线过程中，如果出现未劈开的线，我们可以把它单独抽出来并劈开，然后再重复步骤02的操作，直到彻底地把线梳成毛绒效果。

▍固定绒排

把绒排固定好，对于后期的拴绒和搓丝很重要，这样最后做出的绒条也会有很好的效果。

◎ **演示**

把梳成绒的线全部拿起并绷紧（窄
的绒排可以如此，较宽的绒排可以
分多次），用刷子从上往下全部整
理一遍，拿出夹子把绒排末端固
定在桌面上，固定时一定要绷紧
绒排。

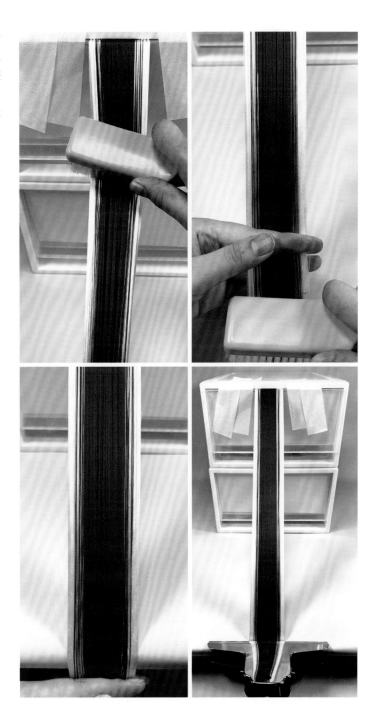

▌拴绒

拴绒的时候,注意每一根绒条的宽度和间距要一样,不然制作出来的绒条差别会比较明显。

◎ **演示**

01 拿出退火后的铜丝,随后在手指上抹少许防滑粉,抽出两根铜丝对齐后将其一端交叉并拧几下固定,拧铜丝时可继续在手指抹防滑粉以增加摩擦力。

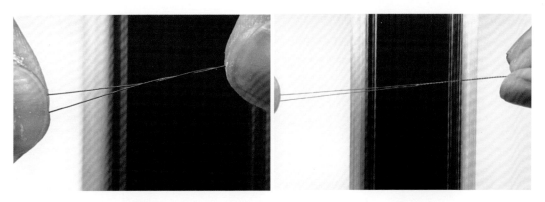

02 双手捏在需要的铜丝长度位置，然后拧几下固定，随后用手把剩余部分的铜丝捋顺。

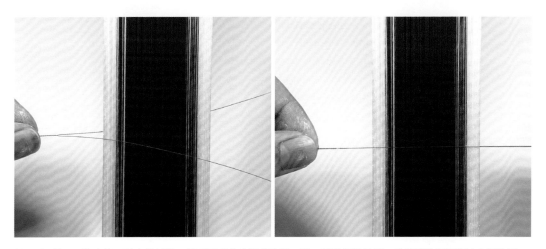

03 用铜丝开口较大的一端夹住绒排，然后用手拿着铜丝的另一端，调整铜丝位置，使绒排位于铜丝的中间位置。

04 把绒排右侧铜丝的两端交叉并轻拧出一个开头，再把左侧拧好的铜丝卡在绒排的左侧，接着双手搓动从右侧开头处往里拧铜丝，让铜丝卡在绒排的左右两侧。

05 把铜丝固定在绒排上之后，就可以把铜丝往下滑到恰当的位置。按照同样的方法在绒排上固定多组铜丝。

▌剪绒

剪绒就是从绒排上剪下绒条。注意，剪刀要与铜丝保持平行，并且要从两组铜丝的中间剪开。

◎ **演示**

01 取下固定绒排的夹子，然后用长剪刀剪去绒排底端多余的绒线。

02 用左手的食指与中指蘸少许防滑粉，然后用手轻抬绒排，将其平放在食指上，用剪刀从固定绒排的两组铜丝中间将绒排剪开。

03 剪下绒条后，两只手分别捏住铜丝两端并绷紧，利用一个平面把绒条上的绒线对齐，中线就是中间的铜丝，然后两只手分别往反方向轻拧。

搓丝

搓丝需要用一上一下两块木板（即搓丝板）来回搓动铜丝，将铜丝搓成麻花状并将绒线牢牢夹住，从而得到制作绒花的基本绒条部件。

◎ **演示**

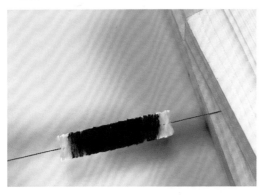

把绒条一端的铜丝放在一块搓丝板上，然后用另一块搓丝板顺着铜丝被拧的方向搓动，让绒条变得毛茸茸，再用镊子轻轻拨动未舒展开的绒线，一个基本的绒条部件就做好了。

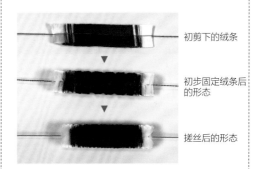

修绒

修绒即用剪刀对绒条进行修剪，使圆柱体状的绒条变成所需的各种形状。

◎ **演示**

修绒的时候，左手拿绒条，右手拿剪刀并倾斜剪刀尖，使其靠近绒条顶端，随后左手一边转动绒条，右手一边用剪刀修剪绒条。把绒条两端都修剪好后用镊子拔去多余的绒毛，这样绒条就修剪好了。

注意，修绒时两只手尽量不要大幅度抖动，以确保绒条的美观。

造型

对绒条进行造型，一般是结合绒花成品的制作需求，利用镊子对修剪过的绒条进行呈现形态上的设计。

◎ **演示**

根据需要的造型（此处以花朵造型为例），把修剪好的绒条从铜丝处对折交叉，做成花瓣形态。

▎组花

组花就是把已经造好型的绒条，搭配各种装饰配件，制作成自己想要的效果。

◎ **演示**

01 分别准备绒线、适量石膏花蕊以及做成花瓣造型的绒条。此处制作的绒花，需要5根相同的绒条。

02 用剪刀把石膏花蕊从中间剪断并合并，然后用绒线拴牢固定，固定好之后再用剪刀斜着修剪石膏花蕊下端。

03 取一根绒条并用镊子弯折绒条底部的铜丝，以便与石膏花蕊进行捆绑。接着用同样的方法依次将石膏花蕊和其余4根绒条进行捆绑，组合出一朵小绒花。注意，组花时要一片一片地进行绑线固定，以便调整每片花瓣的位置。

04 用镊子调整绒花的花瓣形态。这样，一朵绒花就完成了。

◎ 演示

01 上图中为冷水免煮扎染染料，这种染料不用煮制，只需入水浸泡就能
上色。

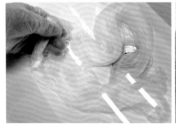

02 把准备染色的白线打开，放到清水里全部打湿，该过程中用手来回捋
线可以使线湿得更快。将线全部打湿后，把多余的水顺掉，放到一旁
备用。

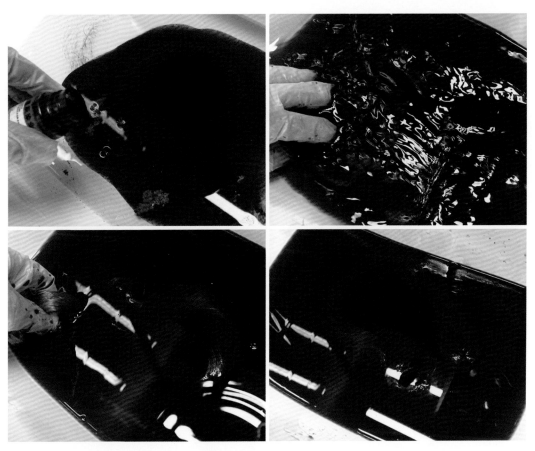

03 在水里加入染料并搅拌均匀(注意,水的颜色不代表染出来的线的颜色,颜色的深浅要自己把控),然后把线放进去,并用两只手在染料里来回捋线,随后把线放在染料里泡一会儿,让颜色充分渗入。

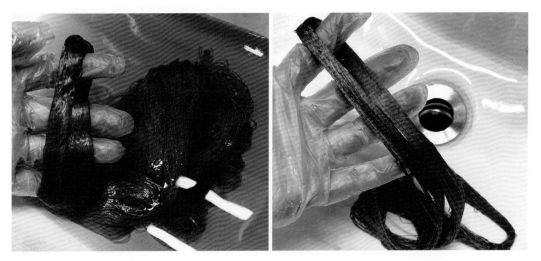

04 把线拿出来并在清水里洗几遍,把表面多余的颜色洗掉,最后将其晾干即可。晾干的时候记得用手将线撑开,以免晾干后的线是弯弯曲曲的。

第二章

·

绒花制作技巧

不同款式的绒花制作方法
不同形状果实的制作方法
绒花制作实用技巧

用传统工艺制作的绒花，其突出特点就是毛茸茸的质感。随着手工艺人的不断创新，现在又出现了扁形款绒花。下面为大家介绍不同款式的绒花制作方法。

▋毛绒款

下面，我们以"荷花花瓣"为例，讲解毛绒款绒花的制作方法。

◎ 花瓣制作

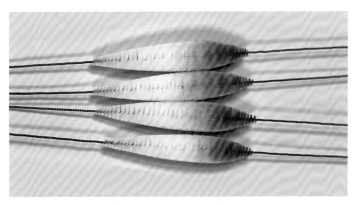

01 荷花花瓣的特点是上宽下窄，故绒条也需要修剪成上宽下窄的形态。绒条制作过程见第一章。

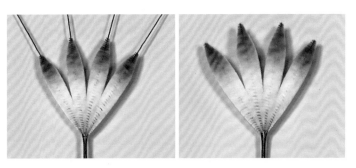

02 将修剪好的绒条并列摆放并固定在一起，随后剪去绒条上多余的铜丝。

03 用镊子调整绒条的弧度，使绒条之间相互贴合，做出一片花瓣。先对绒条进行造型，在后面粘贴绒条的时候就能知道每根绒条的大概位置，便于固定。

04 继续用镊子在不改变绒条弧度的前提下，把绒条分开，以确保粘贴时绒条的形态、位置不变。

05 在绒条与绒条的接触面涂抹白胶，再用镊子把两根绒条粘起来。注意，白胶不要涂抹太多，以免影响作品整体的美观性。

06 用白胶把所有绒条都粘好，毛茸茸的花瓣就做好了。

注意，在后续阶段，大家可以根据效果需求将花瓣弯曲成不同的形状。

◎ 叶子制作

不同的绑法可以制作出不同的效果

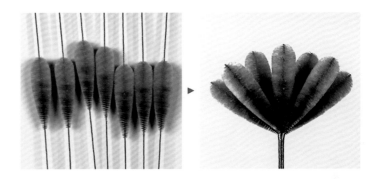

不同长度、不同数量的绒条也可以
制作出不同的效果

▍扁形款

扁形款绒花的花瓣是在毛绒款花瓣的基础上进一步加工制作成的。下面以不规则形态的花瓣为例，来讲解扁形款绒花的制作方法。

不规则形态的花瓣，一般指弧度较大的花瓣，比如牡丹、芍药、虞美人的花瓣。而弧度偏小的扁形花瓣，则可直接用烫花器烫出效果。

◎ 牡丹花瓣制作

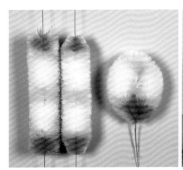  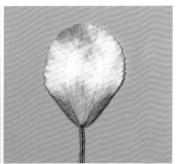

01 用绒条做出毛绒效果的胖水滴形态并用夹板将其夹扁，然后用剪刀把花瓣修剪成想要的形状，做出半成品扁形花瓣。

02 用剪刀在花瓣上方剪出不规则缺口，然后用夹板将花瓣烫弯，制作绒片，方便后期压做出花瓣形态。

03 把制作好的扁形花瓣浸泡在发胶里，随后拿出来插在海绵垫上，稍微晾几秒，让花瓣变得软一些，以便后续调整形态。

◆ 小贴士

花瓣形态塑造技巧

如果花瓣绒片中间的皱褶较大或较为明显，在制作的时候可以先在花瓣两面喷一层发胶，放一两分钟让发胶渗透进去，等绒片摸起来有一些湿润感时再用烫花器去做造型，这样烫出来的花瓣会光滑一些。

04 用锥子这类细小的尖头工具，先压凹花瓣底部两侧，这样做出的半圆效果比直接用烫花器烫出来的效果更自然。

05 用工具把花瓣上方调整成不规则形态（弧度大小可自由把控），把花瓣的形态调整得更自然，随后把调整好形态的花瓣插在海绵垫上晾干。

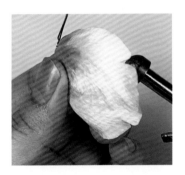

06 等花瓣晾干后，再用烫花器调整花瓣的形态及不平整的地方，使其看起来更自然。

07 用剪刀修剪花瓣边缘的毛边，扁形的牡丹花瓣制作完成。

以上是我自己琢磨出来的不规则形态的花瓣制作方法，当然还有其他制作方法，大家可自行去学习、借鉴。

◎ **小花瓣制作**

根据花瓣的大小，选择不同尺寸的烫头。

01 根据花瓣的大小，给烫花器换上合适的烫头，再把烫花器打开，加热至合适的温度（推荐140℃~180℃）。然后用烫花器从花瓣边缘往内慢慢滚动，将花瓣烫出弧度，烫头滚动到花瓣中间位置时直接压下去烫一下。

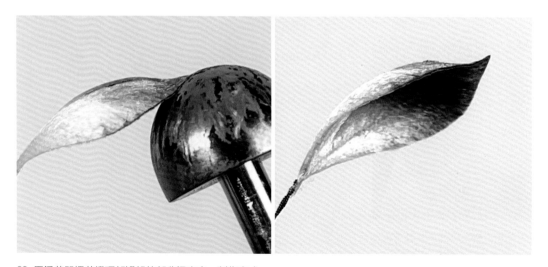

02 用烫花器把花瓣顶部翘起的部分烫出来，制作完成。

塑造卷弧类型的花瓣形态时，花瓣常为细长状，需选用较小尺寸的圆形烫头。

做造型时，先用烫头压住花瓣顶端，再慢慢往下滚动，让花瓣形成一个半弧形。然后用烫花器从花瓣底端往中间顺着绒毛的方向往上烫，让花瓣底部也有少许弧度。

注意，花瓣有不同的长度，做造型时可适当调整。

◎ **扁形叶片制作**

扁形叶片的制作方式与花瓣一样，均是先做出某种造型的绒条，再用夹板夹平。

下图展示的是不同形状的叶片。不同的植物，叶片形态不同，大家在制作前可以去查询相关资料，以明确所做叶片的形态特征。

不同形态的叶片

▌荷叶叶形的制作

制作荷叶叶形采用的是先分解，再拼接组合的方式。

荷叶的整体造型是圆形，直接制作圆形绒片难度很大。为降低制作难度，我们可把圆形进行分解，即将圆形分成若干个大小相同的扇形，以扇形绒片为制作荷叶的基本部件。

只要做出基本部件，就能轻松做出荷叶了。

◎ 制作过程

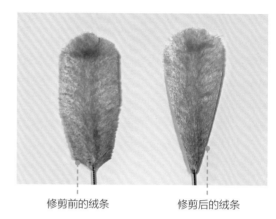

修剪前的绒条　　　　　　修剪后的绒条

01 准备好扇形绒条，用剪刀从底端往上修剪绒条两边，将绒条修剪成如图所示的细长状扇形。注意，此处制作的荷叶是用多片扇形部件拼接起来的，因此在制作前要先计算需要的扇形部件的数量。

02 在扇形部件的连接面上涂抹适量白胶，然后将扇形部件拼接起来，拼接好后可用夹板把连接处烫平，以缩短白胶凝固的时间。

03 继续用白胶把制作的若干扇形部件拼接成两个半圆。

04 把两个半圆拼接成一个圆形，拼接完成后用夹板把连接处夹平整。

05 用剪刀修剪圆形部件的毛边，做出荷叶的基础形。此处也可以把圆形部件的轮廓修剪成波浪形，从而让叶片看起来更自然。

06 用夹板塑造荷叶造型，可以烫出往下翻折的叶片效果，也可以烫出往上翘起的效果，这需要根据作品的具体设计来确定。

绒花制作的题材除了极具装饰性的花、叶、鸟等，还有各种形状的果实。

以球体为基础

下面，我们以"橘子"为例，讲解毛绒款绒花的制作方法。

◎ **制作过程**

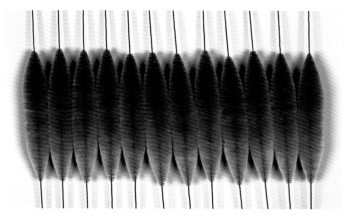

01 准备12根绒条，因为制作的是球体，所以绒条两端的修剪角度是一样的。大家可根据作品的实际情况，来调整绒条的粗细、长度及数量。

02 拿出4根绒条，用绒线缠绕固定，定出4个方向，这样后续绑其他绒条时才不会乱。

03 在固定好的4根绒条的基础上，继续添加并固定绒条。

04 用绒线把所有绒条绑好后继续往下缠绕铜丝，缠到合适的长度即可。注意，绒线缠绕铜丝的长度要按需求来确定。

05 选定合适的距离，把绒条往下弯折并固定在枝条上。先固定4个点位，随后依次把其他绒条固定住。记住固定绒条的位置要在同一水平线上。

◆ 小贴士

制作球体时，绒条向下弯折固定的距离要根据作品需要的效果来确定。比如：

1. 弯折距离较远时，制作出来的就是椭圆体；

2. 弯折距离较近时，制作出来的是扁球体；

3. 如果弯折距离适中，那么制作出的就是球体。

06 用镊子调整绒条的形态，制作完成。

▍以锥体为基础

此处展示的是草莓的制作方法，此方法同样适用于制作桃子。

◎ **制作过程**

01 准备8根绒条，因为草莓底部大、尖端小，所以绒条的修剪也应从一端粗圆慢慢过渡到细尖。然后准备6个小绒片做萼片。

02 用绒线把8根绒条粗圆的一端固定住，然后用剪钳把绒条未固定一端多余的铜丝剪掉。

03 用镊子把绒条调整成草莓的形态。

04 用镊子把绒条适当分开，然后用适量白胶将绒条固定在一起，并用镊子继续调整绒条的弧度（草莓下端弧度大，上端弧度小），做出草莓的基础形。

05 如果是制作桃子，到这一步就完成了。但是我们制作的是草莓，所以还要在下端加上萼片。

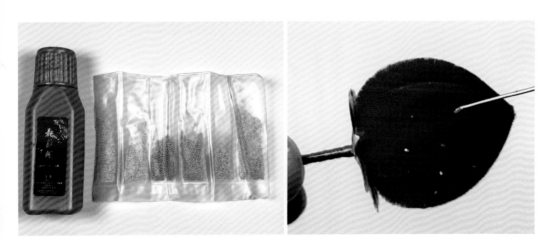

06 准备金墨或金属珠子，这二者可用来制作不同效果的草莓籽。此处选择用金墨来制作草莓籽。先把金墨摇晃均匀，再用针或者锥子类的细尖工具蘸取少量金墨，点在草莓上作为草莓籽。至此，草莓制作完成。

左图为用金墨（左）和金属珠子
（右）制作草莓籽的效果对比

下面是我自己总结的一些绒花制作实用技巧，大家可以参考。

绒花制作
实用技巧

▌ 如何制作有自然弧度的叶子

◎ 制作过程

01 准备烫花器(使用的烫头如图所示)、镊子、海绵垫、硅胶垫等工具，以及一片修剪好并用夹板弯出弧度的叶子，叶子可根据需求夹出不同的弧度。

02 把叶子浸泡在发胶里，使其变软。

03 用镊子夹住叶子的中线，再用手指轻折叶子的铜丝，使其形成自己想要的弧度，然后把叶子插在海绵垫上，让它自然变干。注意，镊子夹的是叶子的铜丝位置，手指折弧度的地方也在铜丝处。轻折叶片时用一根手指足以，其余地方不要去碰。

04 叶子干透后放在铺有硅胶垫的海绵垫上，并用烫花器烫叶子的中线，使其更明显。注意，叶子本身已有弧度，烫的时候不要按压过度。

05 用烫花器把叶子正反面不平整的地方烫平整。注意，用烫花器烫叶子时，烫出的效果不应是死板的平整，而是要像真实的叶子般自然。

06 用剪刀修剪叶子边缘不平整的地方。这样，一片弧度自然的叶子就做好了。

如何制作弯曲的枝条、藤蔓

◎ 制作过程

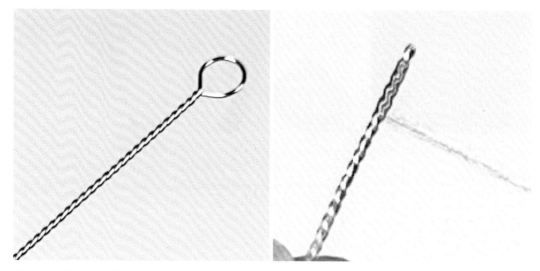

01 准备一根拧成麻花状的铜丝(可用0.3mm或0.4mm的)，并用绒线缠绕一段。

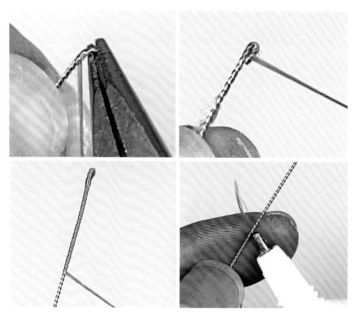

02 用钳子折弯缠线的部分并继续缠线，缠到想要的长度后在该处涂少许
B-7000胶，收尾固定。

03 把铜丝绕在圆柱形棍子上，再取下来适当调整形态，一根装饰用的枝条或藤蔓就做好了。

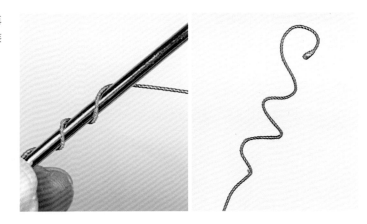

▌绒片的修剪技巧

◎ 常规扁形绒片的修剪

所有常规扁形绒片的修剪方式都是一样的，即先修剪出大致轮廓，再结合所做物品的具体特征进行细致修剪。

此处以修剪月季叶子为例。先制作一个扁形绒花叶片，然后修剪出基本叶形，接着剪出月季叶子边缘的锯齿效果，最后用3片小叶组合成一枝复叶。

◎ 特殊形状的扁状绒片的修剪

对于特殊形状的绒片，我们可以把图样画下来后再进行修剪。

此处以蝴蝶翅膀为例。先在纸上画出蝴蝶翅膀的图样，剪下图样后将其放在准备好的绒片上，比照图样修剪出蝴蝶翅膀的形状。

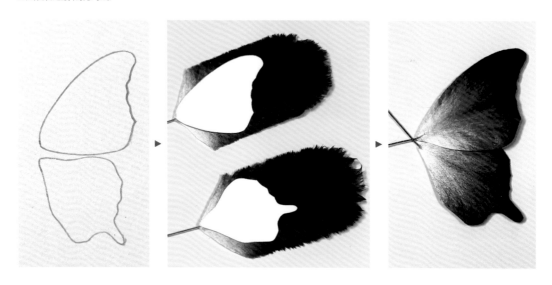

如何绑花、收尾

绑花（组花）、收尾是绒花制作过程中的必要步骤。下面以牡丹制作为例，介绍绑花、收尾的具体操作。

◎ 制作过程

01 准备适量石膏花蕊，对折后用绒线进行捆绑，做出牡丹的花蕊。

02 运用前面讲解的方法准备好牡丹的花瓣，然后开始围绕石膏花蕊一层一层交错式地绑花瓣，最终效果如右上图所示。

03 用剪刀把多余的铜丝剪成不同的长度，需要结合主体配件的长度来预留铜丝。

04 用绒线把花朵绑在自己挑选的主体配件上。收尾时加一个对折的0.2mm铜丝部件（对折圈朝上）一起缠线，从上往下缠一段距离后再向上回缠一段，随后把收尾线头穿过对折圈，扯出铜丝部件，这样线头就被藏起来了。

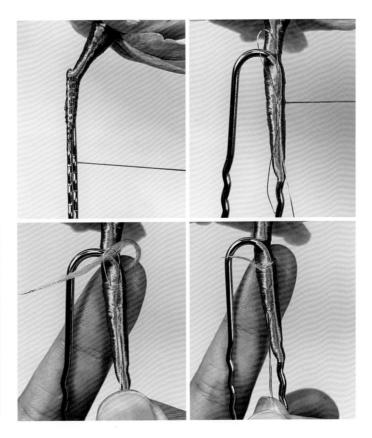

◆ 小贴士

以上这种收尾方法使用起来非常方便，适用于绒花、缠花、热缩片等多种手工技艺中的软簪或需要使用主体配件的作品的制作。因为不需要打结，所以收尾处十分平整光滑。

05 剪去多余的线头，也可用打火机燎一下，并在绑线部分较薄的位置涂白胶，防止绒线滑脱。

◆ 小贴士

叶子的绑法

叶子的绑法需要结合所做叶片本身的特征来确定。下面展示了几种绑好的叶子，其中三片组合式的叶子是最常用的。

如何制作掐丝绒花花瓣

掐丝是一种传统工艺，主要是指将金丝、银丝或其他金属细丝按照图样弯曲转折，掐成图案，然后固定在器物上。

掐丝绒花就是将传统掐丝工艺与扁状款绒花制作工艺结合起来，给绒花镶上金边，整体看起来更显华丽、富贵。

◎ **制作过程**

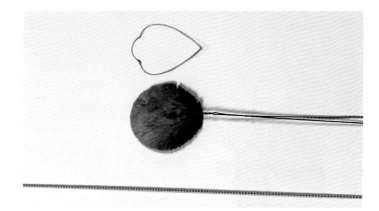

01 画一个花瓣图样，大小不要超过使用的绒片，然后准备一根搓成麻花状的保色铜丝。

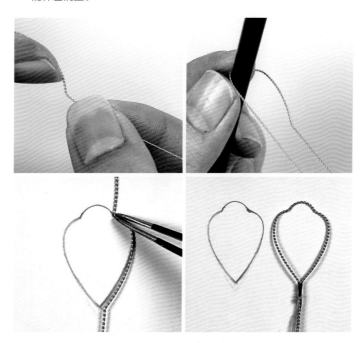

02 把铜丝弯折成上图所示形状。塑造有些弧度时可以借助工具，在转折处用宽的镊子掐住铜丝然后弯折。制作过程中可随时对比图样，以便及时调整铜丝的形状。调整好后就用绒线把铜丝两端固定住。

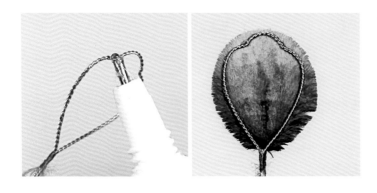

03 把铜丝的一面均匀地涂上 B-7000胶，然后将铜丝粘在绒片上。

04 用夹板把铜丝夹住，让铜丝牢牢粘在绒片上。

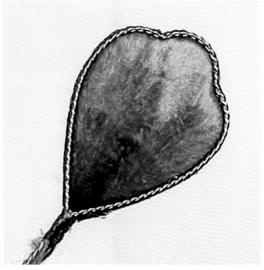

05 把绒片上多余的部分剪掉，一片掐丝绒花花瓣就做好了。

第三章

·

绒花饰品制作练习

红梅·发钗

粉桃·发钗

墨竹·发簪

红梅·发钗

古诗中有许多描写梅花的句子，比如王安石的《梅花》——"墙角数枝梅，凌寒独自开。遥知不是雪，为有暗香来"，王十朋的《红梅》——"桃李莫相妒，夭姿元不同。犹余雪霜态，未肯十分红"，等等。

梅花凌寒飘香、坚韧不屈，本案例以"红梅"为绒花饰品创作元素，设计了一支毛绒款发钗。

作品配色展示

◎ 准备绒条

01 准备绒排，6根为1组，一共拴9组。中间3组为纯红色绒线，然后在两端用渐变的方式，在纯红色绒线中加入白色绒线。白色绒线的数量可以是1根、2根、3根，也可以是2根、3根、4根。

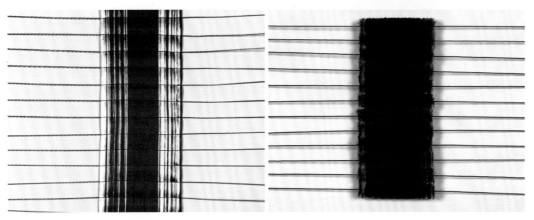

02 在绒排上，铜丝的间距就是绒条剪下后的宽度。本案例制作的红梅，绒排间距是5～6mm。固定好铜丝后再剪下来搓成绒条。

◎ 组装花朵与花苞

03 用剪刀把绒条两端修剪成圆锥形，再弯折绒条，把铜丝交叉拧在一起，做出花瓣形态。

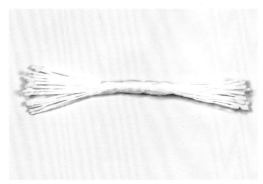

04 准备石膏花蕊。

花苞

花朵

05 把花瓣和花蕊绑在一起分别做出花苞和花朵。其中绑3片花瓣的是花苞，绑5片花瓣的是盛开的花朵。绑好后，用镊子调整花瓣的弧度，花苞的花瓣需要往中间弯，花朵的花瓣则要往外翻。如图，准备4个花朵，3个花苞。

◎ **组合成花**

06 将做好的花朵与花苞摆出最终的成品造型。

07 先将2根花苞枝条绑好。做出一根枝条后依次绑上花苞，可以按喜好使花苞朝向不同方向。

08 绑好花苞枝条后，根据前面确定的造型，调整枝干的弧度。

09 固定花苞枝条和花朵，按照从上往下的顺序进行固定，注意花朵与花苞之间的距离和角度。全部绑完后，把铜丝斜着剪成不同的长度，红梅花枝就做好了。

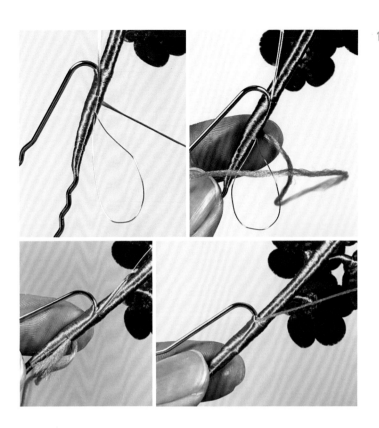

10 取一个U形发钗，将红梅花枝固定上去，然后用上一章提到的方法进行收尾。

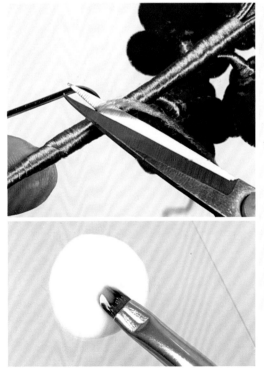

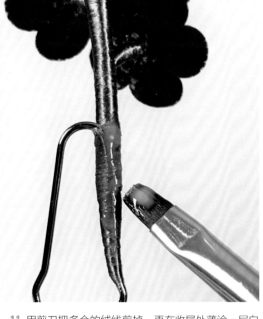

11 用剪刀把多余的绒线剪掉，再在收尾处薄涂一层白胶，防止线头滑脱，制作完成。

粉桃·发钗

桃花具有很高的观赏性，不仅是文学创作的常用素材，同时也是手工艺人们在制作饰品时常用的创作元素。

本案例以"粉桃"为绒花饰品创作元素，设计了一支扁状款发钗。

作品配色展示

◎ 准备绒条

花朵

叶子

花苞

01 准备粉桃的花朵、花苞及叶子的绒排。左图中给出的绒排是6根为一组，花朵的绒排是15组，花苞的绒排是12组，叶子的绒排是14组（12组也可以）。把线劈开梳好后将铜丝固定于其上，注意2根铜丝的间距就是绒条的宽度。

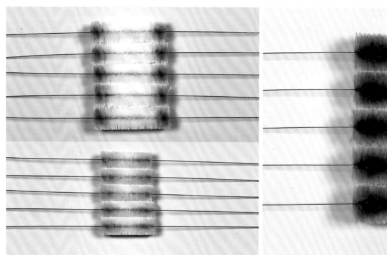

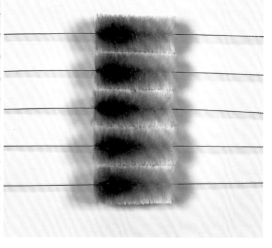

02 剪下用于制作花朵、花苞及叶子的绒条。

◎ 修绒与造型

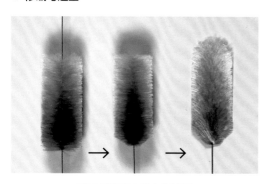

叶子绒条形态的变化过程

03 修剪用于制作叶子的绒条，绒条修剪好后用夹板夹扁。

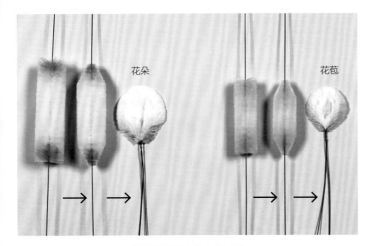

花瓣绒条形态的变化过程

04 花朵和花苞的绒条需要对折做成花瓣，修绒时要比叶子修剪得窄一些，其中花朵绒条宽约1.3cm，花苞绒条宽约1cm。然后把绒条两端修剪一下并对折，将铜丝交叉拧在一起，再用夹板夹平，喷上发胶，花瓣就做好了。

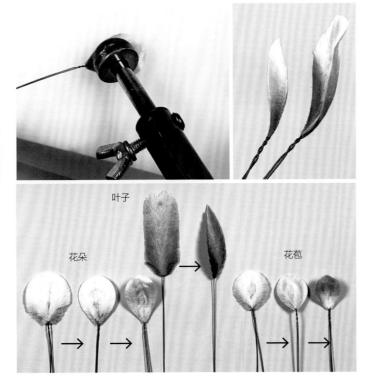

花、叶形态的变化过程

05 叶子可以参考之前锯齿叶子的修剪过程。大小花瓣都修剪成水滴状，且边缘是不规则形态，这样的花瓣效果会更自然。

花叶形状修剪好之后，用烫花器把花瓣烫出适宜的弧度。大花瓣用来制作盛开的花朵，顶部边缘应往外翻；小花瓣用来制作花苞，外翻的弧度要小一些。

06 准备好所需要的花瓣然后再准备两簇石膏花蕊。

07 想要让绑好的花朵看起来更加自然，需要先处理一下花蕊。取一簇石膏花蕊对折并将底部拴好，再用镊子把石膏花蕊的棉线部分刮弯，让花蕊看起来凌乱一些，做出花朵盛开时的花蕊效果。

08 做出一朵盛开的桃花和一朵花苞。

09 给叶子部件的铜丝缠上绿色绒线，做出叶秆。

10 以同样的做法，准备2朵盛开的
花朵、2朵花苞及6片大小不一
的叶子。

11 把花朵、花苞和叶子摆成想要的造型效果。

12 按照摆好的造型效果依次进行固定，随后剪去多余
的铜丝，再把花枝固定在主体配件上即可。

墨
竹
·
发
簪

古人爱竹、画竹，其中用墨画的竹极具文人风骨，唐代吴道子、北宋文同、清代郑板桥都是画墨竹的名家。

本案例以"墨竹"为绒花饰品创作元素，设计了一支扁状款发簪。

作品配色展示

◎ **准备绒条**

 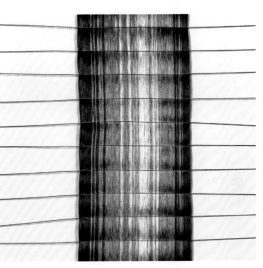

01 准备绒排，本案例设计的墨竹叶片整体为黑色，叶尖泛白。

　　为节省拴线时间，可以在拴线时做出中间泛白、两边黑色的渐变效果，其中一边可多加一些白色，让渐变效果明显一些，另一边则慢慢过渡，这样就可以做出两种长度、两种效果的竹叶。

02 剪绒，制作绒条。

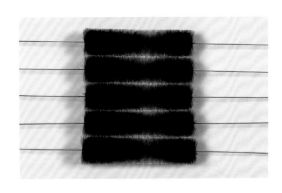

◎ **修绒与造型**

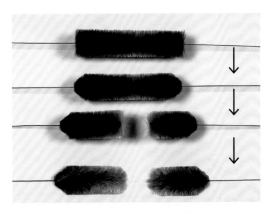

03 适当修剪绒条两端，随后从绒条中间颜色最浅的位置将其剪成一长一短两根，接着再用夹板夹扁绒条并喷上发胶，晾干备用。

竹叶绒条形态的变化过程

◎ 制作竹枝

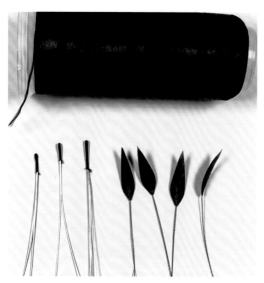

04 把绒片修剪成大小不一的竹叶形状，然后用夹板夹出微弯的弧度，做出自然的竹叶效果。注意，如果竹叶剪不对称，可以比照着竹叶形的模板图纸来剪。随后用黑色绒线和0.4mm的铜丝，做三根黑色部分长5～10mm的小枝条（做法见第二章），两根用1条铜丝，一根用2条铜丝。共准备4片竹叶、3根小枝条，用于制作竹枝。

05 用黑色绒线依次把3片竹叶绑在一起，竹叶固定时要有一定的间隔，并且每片竹叶的朝向也要不同。绑好竹叶后继续在铜丝上缠绕一段绒线，然后打结收尾。

加一小段枝条

06 接下来固定竹叶和小枝条。拿出用2根铜丝制作的小枝条，将其与余下的一片竹叶固定在一起缠线，随后在合适的位置加入上一步组装好的部件，并再加入一小段枝条，模仿竹枝的生长痕迹。

07 继续缠线并再在竹枝上添加一根小枝条，然后打结收尾，竹枝最终效果如上图所示。用同样的做法，一共制作3根竹枝。

◎ **装饰配件制作**

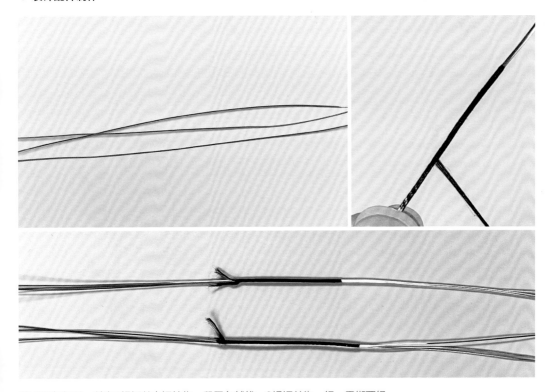

08 取3根铜丝，并在3根铜丝中间缠绕一段黑色绒线，3根铜丝为一组，需绑两组。

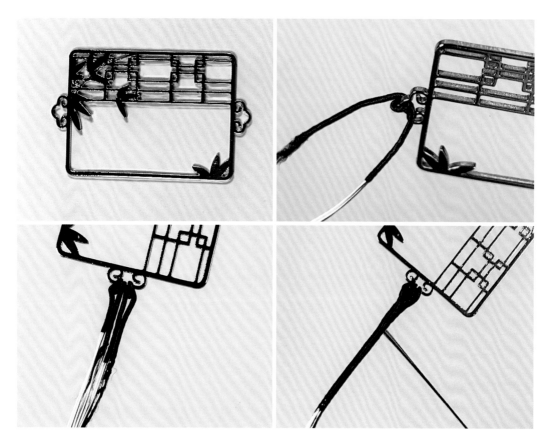

09 拿出准备好的铜配件，在铜配件一端的固定点缠上前面绑好绒线的铜丝，将铜配件牢牢固定住（缠绕圈数要根据铜配的大小来确定），随后在铜丝上缠线，以固定。如果担心铜配件与铜丝固定得不稳，那么可以在固定点涂白胶。

◎ **组合**

10 准备好所有的部件，并按设想的成品造型将各个部件摆好位置。

11 固定好各部件，并在固定过程中调整部件的位置及形态，这样成品效果才最佳。

12 剪掉多余的铜丝，并将其固定在发簪上，随后收尾，制作完成。

第四章

·

传统绒花饰品制作案例

桂花·软簪

菊花·发钗

兰花·发梳

百合·发钗

单瓣牡丹·发钗

"自有秋香三万斛，何人更向月中看。""何须浅碧深红色，自是花中第一流。"从这些诗句中，我们可以感受到桂花的美妙姿态和独特的韵味。本案例以"桂花"为绒花饰品创作元素，设计并制作了一款软簪。

作品配色展示

◎ 准备绒条

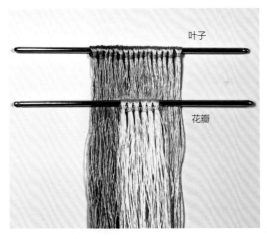

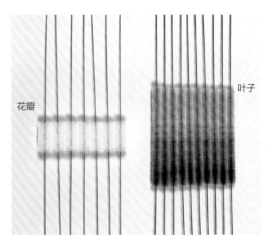

01 准备叶片和花瓣的绒排。桂花的花瓣较小，叶片修长，因此花瓣的绒排可以拴窄一些，叶子的绒排拴宽一些。此外，花瓣是黄色的纯色绒排，叶子是颜色由绿色到浅绿色的渐变色绒排。

02 剪下绒条。叶子绒条偏细，宽约3mm；花瓣绒条宽约6mm。

◎ 修绒与造型

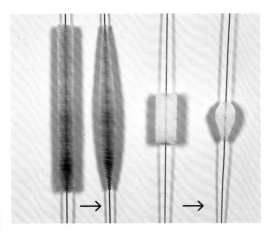

花、叶的绒条形态变化过程展示

03 按图示效果修剪绒条。叶片绒条的深色端为叶片底端，修剪时弧度要比顶端大一些，顶端要更细长一些。将花瓣绒条修剪成倒水滴状，底端较尖细，顶端圆润。

◎ 固定绒条

04 准备石膏花蕊和4根花瓣绒条（4片花瓣为一组），将少量石膏花蕊和花瓣固定，做出一朵桂花。

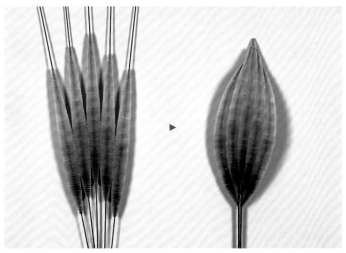

05 取5根叶子绒条，剪去顶端多余的铜丝，先用一根定出最高点（即叶尖），然后高度从中间往两边递减（左右对称），随后进行固定，做出一片叶子。

06 用前面讲解的方法，再准备16朵桂花、7片大小不一的叶子并弯折出叶子的弧度。注意，叶子可以分别以5根、4根、3根绒条为一组来进行制作。

07 取5朵桂花，将其捆绑成一小束，然后加上叶子。注意，绑花的过程中要错开位置，不能把花茎全部固定在同一个位置上；添加叶子时要及时调整叶子的位置和弧度。

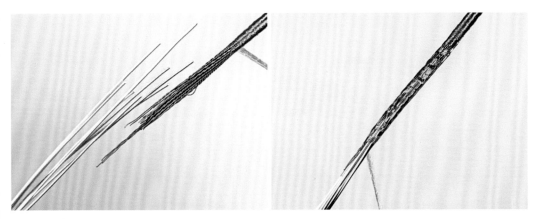

08 花茎铜丝不够长时，可以再缠一段铜丝作为枝条添加上去；也可以先对铜丝进行修剪，再另外添加一些铜丝上去，以延长花茎。

09 绑好三根桂花花枝且固定前要先对所制作的花枝成品有一个基本构思，尽量让每一枝都不同。

10 把做好的桂花花枝摆出最终效果，随后按照顺序进行捆绑固定。这款桂花发饰选择不加主体配件，而是设计成软簪，所示直接用绒线将剩下的铜丝缠成一个长长的枝干收尾即可。

菊花·发钗

菊花有顽强的生命力，也象征着高风亮节，被人们称为"花中隐士"。
本案例以"菊花"为绒花饰品创作元素，设计并制作了一支毛绒款发钗。

作品配色展示

◎ **准备绒条**

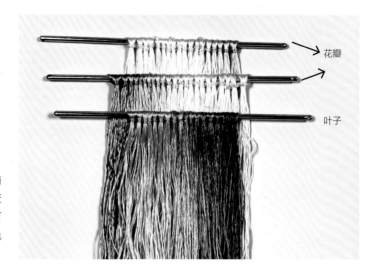

花瓣

叶子

01 准备花瓣和叶子的绒排。制作菊花花瓣需要准备两种长度的渐变色绒排，短一些的绒排渐变色可以浅一些，长一些的绒排渐变色可以深一些。

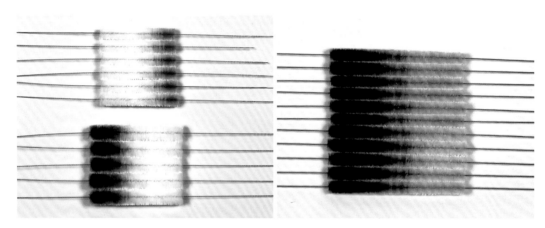

02 制作短花瓣的绒条比制作长花瓣的绒条稍微细一些。短花瓣绒条宽6~7mm，长花瓣绒条宽7~8mm，叶子绒条宽2.5~3mm。

◎ **修绒与造型**

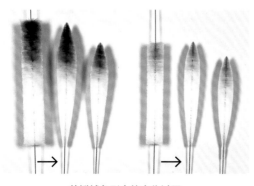

花瓣绒条形态的变化过程

03 修剪用于制作菊花花瓣的绒条。花瓣浅色一端为底，深色一端为顶。剪掉顶端多余的铜丝。修剪绒条时，将底端修剪得细长一些，将顶端修剪得圆润一些。

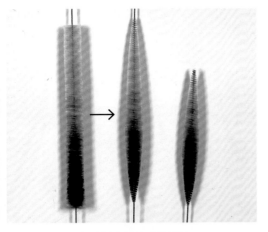

04 修剪用于制作叶子的绒条，叶子深色一端为底，浅色一端为顶。修剪时，底端修剪幅度小一些，顶端修剪幅度大一些，叶子整体要比花瓣修剪得更细长。剪去顶端多余的铜丝。注意，制作叶子的绒条需要有不同的长度。

叶子绒条形态的变化过程

◎ 固定绒条

05 准备若干颜色深浅不同的绒条（图中仅展示了一部分）、麦穗形石膏花蕊（款式自选）。注意，制作菊花花瓣需要的绒条数取决于自己想做的效果。想让花朵更饱满，就多用一些绒条；如果是做花苞，就少用一些绒条。

06 绑好花蕊后拿出浅色绒条，依次把绒条绑起来，在绑的过程中用镊子调整花瓣的弧度。

07 在外圈添加深色绒条，同样一边固定一边用镊子调整花瓣的弧度。组装好一朵花后收尾固定。

08 以9根叶子绒条为一组，先取一根定出最高点（即叶尖），然后高度从中间往两边递减（左右对称），随后进行固定，做出一片叶子，并调整造型。用同样的方法，以7根叶子绒条为一组，做出两片叶子，并与前面用9根叶子绒条做出的叶子组合成一片大叶，并调整其造型。注意，根据叶子的大小，可以分别以9根、7根叶子绒条为一组来进行叶子的制作。

09 用前面介绍的方法准备一大一小两片叶子，花也准备一大一小两朵。

10 把花、叶子摆在一起，确定最终造型，然后根据确定的造型用绒线一一绑好。剪掉多余的铜丝，选一款合适的主体配件固定，制作完成。

兰花是高洁典雅的象征，与梅、竹、菊并称"四君子"。许多文学作品中
也有关于兰花的描写，如"气如兰兮长不改，心若兰兮终不移""寻得幽
兰报知己，一枝聊赠梦潇湘""扈江离与辟芷兮，纫秋兰以为佩"等。
本案例以"兰花"为绒花饰品的创作元素，设计并制作了一个毛绒款
发梳。

兰花·发梳

作品配色展示

◎ **准备绒条**

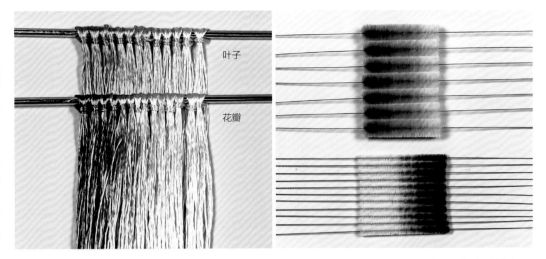

01 准备叶子和花瓣的绒排，将叶子和花瓣都做成渐变色效果。叶子绒条宽约8mm，花瓣绒条比叶子绒条细一些，宽3~4mm。

◎ **修绒与造型**

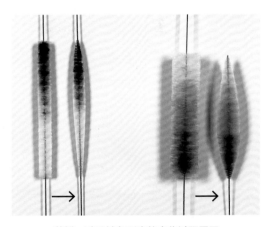

02 修剪花瓣绒条，深色一端是花瓣顶部，浅色一端是花瓣底部，把花瓣底部修剪得比顶部更细长，这样绑好的花朵就会呈现出展开的姿态。修剪叶子绒条，浅色一端为叶尖，需修剪得比深色那端更细更尖。

花瓣、叶子绒条形态的变化过程展示

◎ **固定绒条**

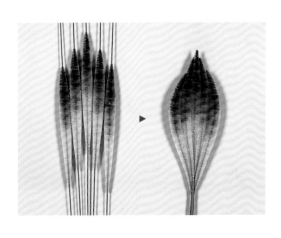

03 以5根花瓣绒条为一组，先取一根定出最高点（即花瓣尖），然后高度从中间往两边递减（左右对称），随后进行固定，做出一片花瓣。制作一朵盛开的兰花需要6片花瓣。

04 用同样的方法再准备5片花瓣，
并准备好石膏花蕊。

05 把6片花瓣和石膏花蕊组合起来，固定后用镊子调整花瓣的形态，让花瓣向外翻，做出一朵盛开的花。

06 分别准备半孔圆珠、保色铜配花帽、米珠及0.8mm的铜丝，先用铜丝蘸少许白胶，将铜丝与半孔圆珠固定在一起，然后依次穿上保色铜配花帽、米珠，最后用绒线缠绕铜丝（既可以作为装饰，又可以起到固定的作用）。

07 按前面介绍的方法共准备用不同规格的半孔圆珠制作的6支珠串，以及一朵大花、一朵小花（用3片或4片花瓣组合都可以）、10根叶子绒条。

08 把准备好的部件全部摆在一起，确定成品的造型和各部件的位置，然后把需要单独固定的部件分出来加以处理，效果如图。

09 把单独固定好的部件摆放在一起，确定每个部件的大概位置，然后按照层次进行固定。固定好后选择一个主体配件固定上去，制作完成。

百合·发钗

百合是一种受人喜爱的花，也是文学作品常提及的象征性植物。在诗歌中，它被用来象征爱情的美好和纯洁，本案例以"百合"为绒花饰品的创作元素，设计并制作了一支毛绒款发钗。

作品配色展示

◎ 准备绒条

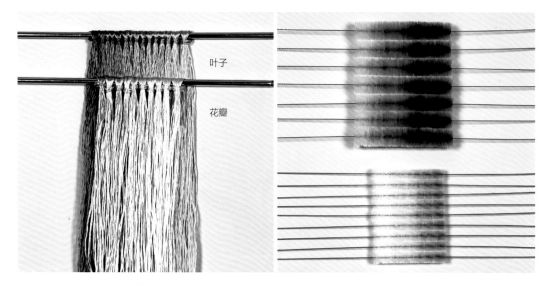

01 准备叶子和花瓣的绒排，颜色都是渐变色。然后拴绒并剪下绒条，叶子绒条宽约8mm，花瓣绒条宽为3~4mm。

◎ 修绒与造型

02 修剪花瓣绒条，深色一端为花瓣尖端，花瓣尖端要修剪得比底端略胖一些，剪去尖端多余的铜丝。先用绒线把两根绒条进行固定，再用镊子调整绒条的弧度，然后用白胶将两根绒条粘起来，一片百合花瓣就做好了。

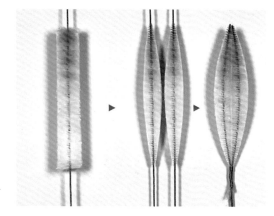

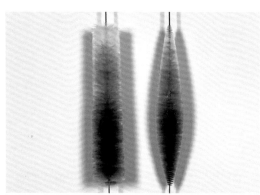

03 修剪叶子绒条，深色一端为底端，浅色一端为尖端，底端的修剪幅度要比尖端小，同时要修剪成不同的长度。

◎ 组花

04 准备6片花瓣和2种形状的石膏花蕊。

05 在花蕊外先固定3片花瓣，然后在空缺处加上其余的3片花瓣，这样6片花瓣就分布均匀了。固定好花瓣后，用镊子调整花瓣的弧度。

06 用3片花瓣组合出一朵花苞。

共准备大花3朵、花苞2朵、叶子8片。

08 把准备好的部件按所设计的成品效果摆好位置，然后根据花叶的组合情况一一进行固定，制作出花枝，并用镊子调整叶子的弧度。

09 把花枝组合并固定。绑的时候注意花朵之间的距离，不要让每朵花都是一样的高度，错落地绑花能使整体效果更自然。花枝全部固定好之后，剪去多余的铜丝，再选一个主体配件固定上去，制作完成。

单
瓣
牡
丹
·
发
钗

刘禹锡的《赏牡丹》中有："庭前芍药妖无格，池上芙蕖净少情。唯有牡丹真国色，花开时节动京城。"王国维的《题御笔牡丹》中有："摩罗西域竟时妆，东海樱花侈国香。阅尽大千春世界，牡丹终古是花王。"从这些诗句中，我们可以感受到牡丹的独特魅力。

本案例以"单瓣牡丹"为创作元素，设计并制作了一支发钗。

作品配色展示

◎ 准备绒条

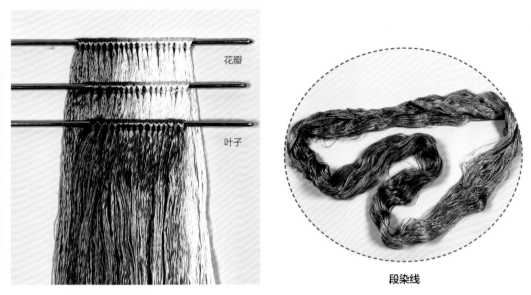

花瓣

叶子

段染线

01 准备一长一短两组花瓣绒排，较短的一组绒排，浅色和深色各占一半；较长的一组绒排，浅色多、深色少。然后准备一组叶子绒排，叶子绒排上有一小半的丝线为段染线，这样制作出来的绒条在不同的位置就会有不同的颜色。

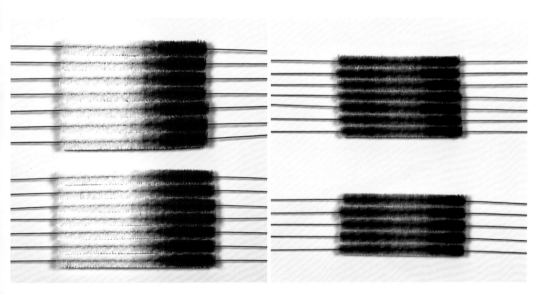

02 给绒排拴上铜丝并剪下绒条，花瓣绒条宽3.5~4mm，叶子绒条宽约3mm。

◎ **修绒与造型**

03 把花瓣和叶子的绒条修剪成不同的长度并剪去多余的铜丝。

◎ **组合绒条**

04 拿出修剪好的长短不一的花瓣绒条（共12根），按照花瓣本身的造型组合排列，然后用绒线将绒条绑在一起。

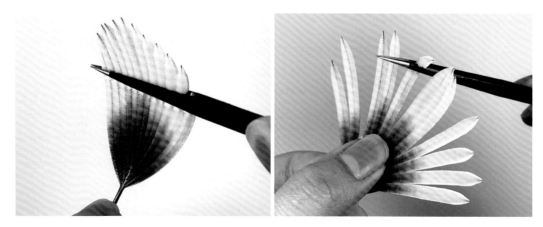

05 用镊子把绒条全部夹出弧度。再用镊子调整每一根绒条的形态，按照花瓣的开裂效果将绒条贴合在一起（4根为一组）。把中部的花瓣裂片用白胶固定起来。

06 继续调整两侧花瓣裂片的形态。注意在有缝隙的地方，先调整绒条的顶部，再调整绒条的底部，使它们整体贴合。绒条调整好后，用白胶进行固定。

07 取长短不一的叶子绒条组合成叶子形状，并用绒线绑在一起。用镊子调整叶片的造型，再用白胶进行组合固定。

08 单瓣牡丹叶子较大，可以用3片小叶组成大叶子，用绒线将3片小叶组合固定后用镊子调整其整体形态，使叶子看起来更自然。

◎ 组花

09 准备8片牡丹花瓣、2片叶子、2种石膏花蕊。

10 组合两片叶子并加长枝条。当叶子（或花瓣）枝条的铜丝不够长时，我们可以缠少许铜丝作为枝干，这样既可以延长枝干，也起到了美化的作用。

11 组合花朵。此处采用了两种石膏花蕊，让花朵显得更加饱满。绑好石膏花蕊后，按照大小顺序依次固定花瓣。待花瓣固定好后，用镊子调整花瓣的形态。

12 给组合好的花朵加上叶子，收尾固定。

13 选择一款主体配件并将花枝绑上去，用绒线固定好之后再涂抹少许白胶加固，制作完成。

第五章

·

动物造型的绒花饰品制作案例

鱼

双色雀鸟

螃蟹

蝴蝶

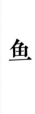

鱼谐音"余",寓意"年年有余""吉庆有余",反映了人们追求富裕、吉祥的心理,象征着平稳、喜庆和繁荣,人们喜欢用鱼来表达美好的祝福。因此,鱼的造型、纹路在传统首饰中应用得非常多。

在绒花工艺里,"鱼"元素也是常用的题材。本案例以"鱼"为创作元素,设计并制作了一支发钗。

作品配色展示

◎ 鱼尾制作

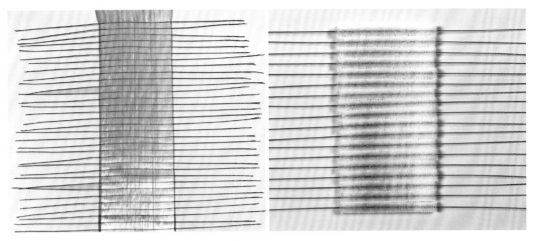

01 根据作品的设计效果，准备对应颜色的绒条。

02 鱼的尾巴较宽大且是不规则形状的，因此把尾巴分成3片来做，绒条也要修剪得长短不一。

先准备制作一片尾巴所需要的10根绒条，剪去绒条浅色那端多余的铜丝后，将长短不一的绒条按高度由中心向两边递减的形式排列。

03 修剪好制作鱼尾的绒条后，用绒线把绒条固定起来，形成扇子状。

04 用白胶将绒条粘贴组合在一起，再把绒条尖端调整为想要的弧度。用同样的方法再做2片鱼尾。

◎ **鱼鳍制作**

腹鳍

臀鳍

背鳍

腹鳍

臀鳍

05 用制作鱼尾的方法，分别做出2片腹鳍、2片臀鳍、1片背鳍。

◎ **鱼头制作**

06 准备4根长短不一的绒条，并按由长到短的顺序把绒条两端用绒线固定在一起。因为绒条长度不一样，绑在一起后会有弧度。

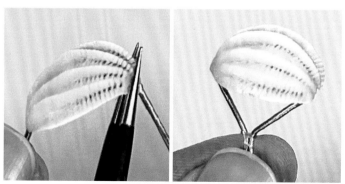

07 用镊子调整部件的形态，然后把两端的铜丝合拢并绑好，最后的造型形似降落伞。

08 再准备一个一样的"降落伞"部件，并按图示效果拼接在一起，做出鱼头造型的框架。

09 用与制作鱼尾、鱼鳍相同的绒条做出一个花瓣形状的部件，随后将其固定在做好的鱼头造型框架上，这样鱼头就做好了。

◎ **鱼鳞制作**

10 准备若干蓝色小绒条并一一制作成胖水滴的形状，作为制作鱼鳞的基础部件。

11 先取4个基础部件，参照鱼鳞的排列形式进行摆放，确定成品中基础部件之间的位置关系。

12 接下来开始组合鱼鳞的基础部件。取一根铜丝并缠上绒线，缠一段距离后根据确定好的位置关系，依次加入4个鱼鳞基础部件，做出一条鱼鳞的部件。

13 再做一条鱼鳞部件，做好后可以把两个鱼鳞部件合在一起，看鱼鳞的排布是否合适。确认无误后继续做出多个鱼鳞部件备用。

◎ 组合

14 鱼的各部件做好之后，开始组装。用绒线先固定鱼尾（注意鱼尾的整体造型），然后在鱼尾底部的空隙处固定一些基础部件，以填充空隙。

15 开始固定背鳍和鱼鳞部件，注意背鳍和鱼鳞部件的位置分布，鱼鳞要按上下错位的形式进行固定。

16 继续固定腹鳍和臀鳍，并把背后的铜丝绑好。在此
   步骤中，固定腹鳍和臀鳍的铜丝可以留长一些，以
   便后期调整。

17 鱼鳍固定好之后，再一个一个地固定鱼鳞部件，然后加上鱼头。

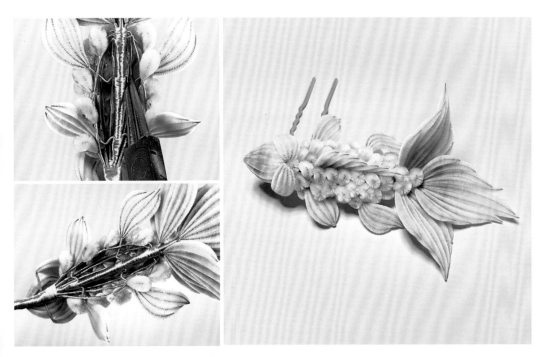

18 用钳子调整鱼鳍的铜丝长度，绑上主部配件，完成制作。

双色雀鸟

在中国传统文化中，鸟类有着特殊的意义。鹤是吉祥之物，寓意长寿和幸福；孔雀则被视为华美和高贵的象征；而雀鸟则代表了自由、勤劳。本案例以"雀鸟"为绒花饰品的创作元素，设计并制作了一支软簪。

作品配色展示

◎ **翅膀制作**

01 准备好制作翅膀的绒条，对折后用镊子调整成弯曲的水滴形，作为翅膀。为防止绒条散开，可用白胶加固。本案例制作的是扁形翅膀的效果，因此需要用夹板将翅膀绒条夹扁。如果想要毛茸的感觉，就不需要将翅膀绒条夹扁。

02 以相同的方法，制作另一个翅膀。

◎ **尾巴制作**

03 准备3个相同的水滴形绒片，然后用绒线把绒片固定在一起。如果担心绒片松动，可在绒片交接处涂白胶加固。

◎ 爪子制作

04 取一根保色铜丝，在铜丝的一端缠绕一段黑色绒线后对折，然后继续缠线，缠至想要的长度后收尾。做出4根相同的铜丝，作为爪子的基本部件。

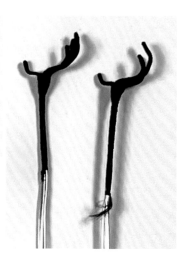

05 按照爪子的形态，用黑色绒线依次将铜丝绑在一起，再用钳子调整出鸟爪的形态。用同样的方法做出另一只爪子。

◎ 躯体制作

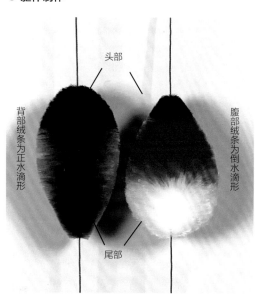

头部

背部绒条为正水滴形

腹部绒条为倒水滴形

尾部

06 准备2根渐变色的胖水滴形绒条做鸟的躯体。鸟的背部为黑—灰—黑的渐变色，腹部为黑—橙—橘黄—白的渐变色。注意，腹部绒条的形状是倒水滴形，头小、肚子大；背部绒条的形状是正水滴形，头大、肚子小。制作雀鸟的躯体时，需要将两根不同颜色的绒条绑在一起，因此修剪绒条的时候要让两根绒条的形状是互补的。

07 用绒线将两根水滴形绒条按照头并头的样式固定在一起。头部的绒线要缠长一些，以便制作鸟嘴。在收尾处涂一层白胶进行加固，防止绒线散开，随后等待其晾干。

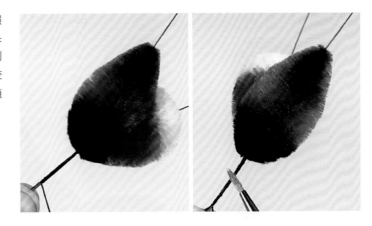

08 晾干后用钳子在合适的位置剪断铜丝，然后对折铜丝，做出鸟嘴。注意，鸟嘴较短，故制作鸟嘴的铜丝不用留太长。

09 依次加上鸟的爪子和尾巴，调整其形态。

10 在翅膀内侧涂抹B-7000胶，将翅膀粘在小鸟躯体两侧合适的位置上，双色雀鸟就做好了。注意，如果想加上眼睛，可以在眼睛处粘上黑色小珠子。制作好的雀鸟可以点缀于其他合适的发簪上，也可以单独制作成发簪。我选择将其固定在一支果实软簪上。

在传统文化中，螃蟹也是一种常见的形象。螃蟹图案常作为吉祥图案使用。

本案例以"螃蟹"为绒花饰品的创作元素，设计并制作了一支发钗。

螃
蟹

作品配色展示

◎ **螃蟹壳制作**

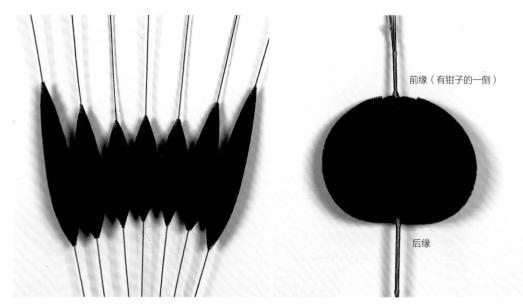

前缘（有钳子的一侧）

后缘

01 准备需要的绒条。螃蟹整体是偏圆的形状。在制作螃蟹壳的绒条时，要修剪得一头细尖、一头粗尖，这样，绒条绑在一起后螃蟹的后缘部分就会有略往内收的效果。

◎ **螃蟹腿与钳子制作**

02 螃蟹的身体是左右对称的，制作时需要分成左右两部分来做，再整体组装。图中展示的是制作螃蟹一边的腿、钳子和眼睛所需要的零部件。其中包括4根修剪成螃蟹腿造型的细绒条、2根用于制作螃蟹钳子的粗绒条以及用作螃蟹眼睛的珠子部件。注意，动物的眼睛都可以用大小合适的珠子来制作。

03 用镊子把绒条调整成钳子的形状，然后用B-7000胶将钳子的两个部件粘起来，再剪去多余的铜丝。注意，钳子的造型较为特殊，一根绒条无法制作，需要用拼接组合的方法来做。

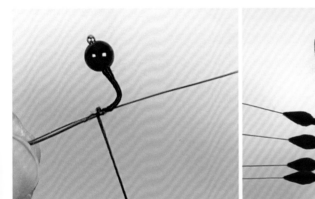

04 组合螃蟹的腿、钳子和眼睛。组合时，一定要先在蟹壳上比好位置，以免最后因位置错误导致从头再来。

05 将螃蟹一边的腿、钳子和眼睛等部件固定，然后用镊子调整蟹腿的形态（此操作也可放在最后）。随后做出螃蟹另一边的腿、钳子和眼睛并进行组合，然后与螃蟹壳进行位置比对并调整蟹腿的形态。

06 固定蟹壳并再次将各部件与蟹壳进行比对，看看是否合适。然后把所有铜丝绑在一起并折在螃蟹壳的背面，进行整体固定。最后加上主部配饰，制作完成。

某些蝴蝶色彩鲜艳，被誉为"会飞的花朵"，是一种应用广泛的艺术创作元素。在手工艺品的制作中，蝴蝶元素也经常出现，比如带有蝴蝶元素的手镯、头饰及项链等。

本案例以"蝴蝶"为绒花饰品的创作元素，设计并制作了一支蝴蝶发钗。

蝴蝶

作品配色展示

◎ **准备绒条**

01 准备蓝色系列的蚕丝线并进行拴线。在拴线过程中需要有颜色过渡的时候，可以穿插多种深浅不同的颜色。本案例制作的是扁形款蝴蝶，拴线的时候可以采用镜像原理，即在绒排右边做出对称的绒线排列效果。

02 做出用于制作蝴蝶翅膀的绒条。

◎ **修绒与造型**

03 本案例中的这款蝴蝶，翅膀较大且上面带有少许浅色，因此绒条两端修剪得较少，也可以选择不修剪，关键是看想要哪种颜色效果。

04 用剪钳将绒条对半剪开，并用夹板（温度在180℃左右）将绒条夹扁。注意，夹扁绒条时，不是把绒条放在夹板上直接压平，而是从夹板一侧拉住铜丝把绒条拖进夹板里，夹住后停留几秒即可。

05 用发胶给绒片定型。把发胶喷在容器里，然后把绒片泡在发胶里浸透，再拿出来插在海绵垫上晾干。如果是较小的绒片，可以直接喷发胶，即把绒片插在海绵垫上喷发胶，这样可以节约时间，但一定要把绒片浸透，定型效果才更好。

右图为绒片定型前（左）与绒片定型后（右）的效果对比

06 在纸上画出蝴蝶一侧翅膀的图样，然后分别剪下，放在做好的绒片上，再比照图样剪出翅膀。另一侧的翅膀用同样的方法制作。

◎ 美化与固定

07 拿出颜料，根据个人喜好在制作好的翅膀上添加装饰图案。

08 准备4根铜丝，其中2根做触角，2根做躯体。

触角制作的方法与藤蔓制作的方法一样。给铜丝缠线时要均匀，这样做出的成品看起来才更精致。

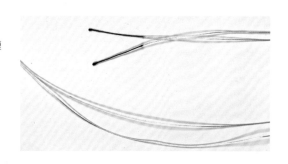

09 拿出准备的另外2根铜丝，将其并在一起后用黑色的线从铜丝中间开始缠绕，缠几层后将铜丝对折并继续缠线，做成上大下小的圆柱体。注意要多缠一些线，这样制作出来的蝴蝶尾部才是立体的。如果线缠得太少，对折后的铜丝顶端容易滑线。

10 用绒线把蝴蝶的躯体与两片后翅绑在一起，再绑上蝴蝶的前翅，注意前翅和后翅要间隔少许距离（这样做方便加固翅膀）。翅膀全部固定好后再交叉缠线（见图示），使蝴蝶的躯体和翅膀固定得更牢。

11 固定触角并剪去多余的铜丝，然后调整蝴蝶最终的形态。注意，多个部件固定在一起时会有很多铜丝，可根据需要进行修剪。最后将其绑在主体配件上，完成制作。

◆ 小贴士

如果想把蝴蝶固定在发簪上，可以把躯体做得长一些，并做成弹簧状，以便固定。

第六章

·

绒花饰品的创新

掐丝银杏·发簪

卷瓣菊花·发钗

掐
丝
银
杏
·
发
簪

本案例以"银杏"为绒花饰品的
创作元素，创新性地使用了蓝色
作为主色调，搭配掐丝技法，设
计制作了一支掐丝发簪。

作品配色展示

◎ **准备绒条**

01 准备制作银杏叶所需的绒排。本案例制作的是蓝色渐变银杏叶，绒排的颜色从中间往两边由深变浅，并且往两边过渡的颜色可以设计成对称效果，也可以设计成不对称效果。本案例采用的是不对称效果。

02 拴绒，绒排整体宽度为6.5~7cm。随后剪下绒条，绒条的宽度为1.8~2cm。

◎ **修绒与造型**

03 取一根绒条，修剪两端后从中间将其剪开，然后用夹板将绒条夹扁并喷上发胶定型，晾干备用。

04 单个绒片制作出来的银杏叶太小，因此我们可以把两个绒片拼接起来制作银杏叶。取两个绒片交叉拼接，绒片底部一定要对齐，然后在两个绒片重叠的区域涂抹白胶进行固定，随后用夹板把绒片夹平，这样制作出来的绒片的大小就适合用来制作银杏叶了。

◎ **掐丝**

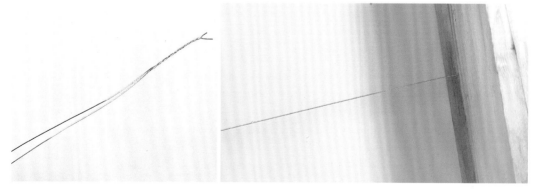

05 取一段0.2mm的保色铜丝并对折（银杏叶边缘细节比较多，选用细一点的铜丝方便塑造细节），先用手把铜丝交叉拧几圈，然后将铜丝放在搓丝板上搓成麻花状备用。注意，搓丝的时候把上方木板立起来，用最窄的那面，被拧过的铜丝要超出上方木板的边缘，这样搓丝的时候铜丝才不会散开。

06 在纸上画出银杏叶的图样，随后比照图样，借助镊子把铜丝掐出银杏叶的造型。掐丝时，尽量不要让铜丝在图样上移动，要用手按紧铜丝，这样才能准确掐出造型。掐好后再用绒线固定。

◎ **掐丝绒片制作**

07 把银杏叶形的铜丝部件放到绒片上，注意铜丝部件不能超出绒片。然后用白胶将铜丝部件与绒片固定，并用夹板把铜丝嵌进绒片里。固定好之后，用绒线把绒片和铜丝部件的柄绑在一起，进行固定。

08 用剪刀把铜丝部件外侧多余的绒剪去，用绒线缠裹铜丝，做出银杏叶柄。

09 倒出少量金墨，用勾线笔蘸取适量金墨，在绒片上勾勒出银杏叶的叶脉。这样，一片掐丝银杏叶就做好了。

10 用同样的方法再制作两片掐丝银杏叶。

◎ 装饰部件制作

11 准备不同规格的半孔珠子，然后用少许胶水将0.8mm的铜丝与珠子固定，再用绒线把珠子下方的铜丝缠一段。需要制作4个这样的部件。

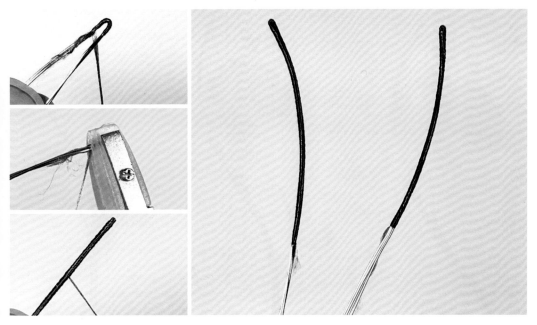

12 准备0.4mm的铜丝，在其上缠绕绒线，做成长长的枝条，枝条需要制作2根。

◎ **组花**

13 准备好所有部件后，按照作品设计的最终效果进行试摆，确定各部件的大概位置。

14 用绒线把各部件固定在一起，固定过程中随时调整每个部件的位置、角度及弧度等。

15 修剪多余的铜丝，再选择一个
主体配件把银杏枝固定上去，
制作完成。

卷瓣菊花是菊花中比较常见的一种，花瓣呈细长而卷曲的形态，花型优美独特，是手工制作者们喜欢的一种创作元素。

本案例以"卷瓣菊花"为绒花饰品创作元素，设计并制作了一支发钗。

卷瓣菊花·发钗

作品主要配色展示

◎ **准备绒条**

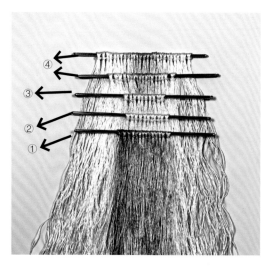

01 准备制作叶子、蝴蝶、小花及菊花所需要的绒排。右图中，①号为制作叶子的绒排，因为制作叶子使用的是段染线，因此一组绒排上不同位置的绒条颜色不一样；②号为制作蝴蝶的绒排；③号为制作小花的绒排；④号为制作菊花的绒排。

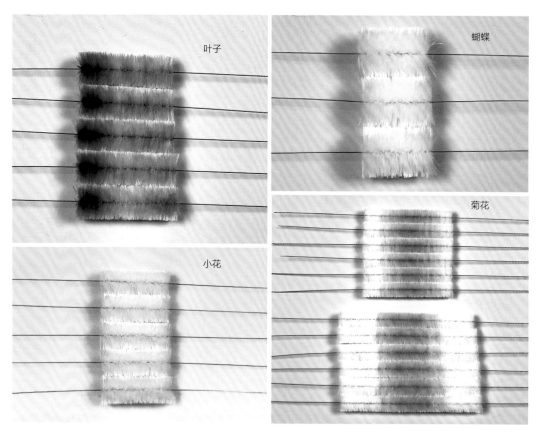

叶子

蝴蝶

小花

菊花

02 剪下绒条。制作叶子的绒条宽约1.5cm，制作蝴蝶的绒排宽约2cm，制作小花的绒条宽为1~1.1cm，制作菊花的绒条宽约0.9cm。

◎ 修绒与造型

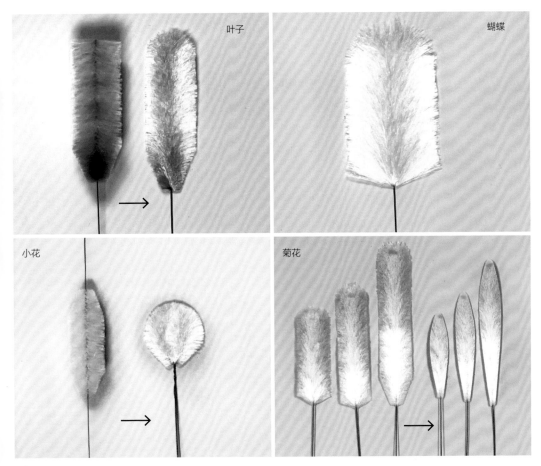

叶子

蝴蝶

小花

菊花

03 用于制作叶子的绒条，只需要修剪底端。用于制作蝴蝶的绒条，要剪出蝴蝶翅膀的形状，在此阶段可选择修绒也可选择不修。用于制作小花的绒条，两端都需要修剪，修剪后弯折绒条并拧紧铜丝。用于制作菊花的绒条，可以剪成长短不一的效果，这样制作出来的花瓣效果会更自然。注意，因为此绒条底端的纯色色段比较长，所以此绒条可以不修剪，直接夹扁制作成半成品也不会影响效果，同时还能节省时间。把制作各部件的绒条都进行修剪之后，用夹板夹扁，再喷上发胶，晾干备用。

◎ 组花及进一步造型

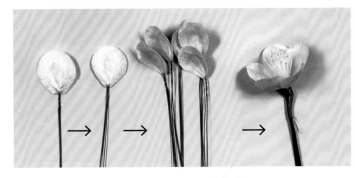

04 把小花的花瓣造型修剪好后，用烫花器塑造花瓣形态，然后用5片花瓣和一簇石膏花蕊组合成一朵小花。

小花花瓣形态变化及组装过程

05 把叶子绒条剪成锯齿状后，用夹板夹出弧度，然后分别用3片和5片叶子组装出一大一小两根枝条。

叶子形态变化及组装过程

06 按照模板剪出翅膀，用金墨在翅膀表面绘制一些花纹，然后把蝴蝶的所有部件固定。

蝴蝶形态变化及组装过程

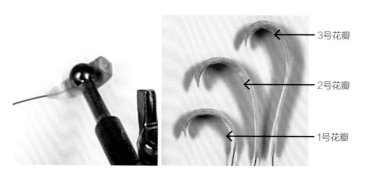

3号花瓣

2号花瓣

1号花瓣

07 结合菊花花瓣尺寸，选择大小合适的烫头，根据花朵中心到边缘的花瓣卷曲效果，用烫花器把花瓣烫出3种弧度。在花朵的中心部分，花瓣弧度最大且较小，花瓣整体都可以往内卷曲（即1号花瓣）；在花朵的中间及边缘部分，花瓣较长并逐渐向外舒展（即2号和3号花瓣），因此只需要卷曲花瓣的上半部分即可。

08 组装菊花花朵。花瓣数量越多，菊花就越饱满，本案例制作的菊花使用了50片以上的花瓣。取若干1号花瓣，先组合出一朵小花苞，然后在每一片花瓣的缝隙处添加花瓣，让花朵逐渐饱满起来。然后继续在花瓣缝隙处依次添加2号花瓣、3号花瓣。注意，要合理安排花瓣的位置，不要在同一位置添加过多相同长度的花瓣，花瓣的排布要错落有致。

09 准备好所有部件：一朵绽放的菊花、两朵小花、一只蝴蝶及两根枝条。

10 按照作品设计的最终效果进行试摆，确定各个部件的大概位置。然后用绒线把各部件固定，固定过程中要随时调整每个部件的位置和角度等。最后，修剪多余的铜丝，再选一个发钗主体配件把花枝固定上去即可，制作完成。

第七章

作品欣赏

153